AF335803

TRAITÉ

SUR LA CULTURE

DE LA GARANCE,

Par E. J. J. Q.

AVIGNON;

CHEZ P. CHAILLOT JEUNE, IMPR.-LIBR.;

PLACE DU PALAIS.

1827.

A Monsieur **JULES** de **CALVIERE**,
ancien Préfet du département de
Vaucluse.

MONSIEUR,

L'opuscule que j'ai l'honneur de
vous offrir, traite de la culture de la
Garance, de cette plante qui a ap-
porté la richesse dans notre contrée.

Daignez en agréer l'hommage, c'est
un faible tribut de ma reconnaissance
particulière pour les services que
vous avez rendu à notre ville pendant
votre trop courte administration.

Sous elle, les habitans d'Avignon
qui la regretteront à jamais, trou-
vaient en vous, le protecteur de leurs
droits, les établissemens publics, un

soutien, les pauvres, un père, l'agriculture, un appui.

Si la reconnaissance devait être
proportionnée aux services rendus,
que pourrait vous offrir la ville d'Avignon ? Rien qu'un monument qui,
en transmettant vos traits à la posté-
rité, lui transmit aussi le souvenir de
vos services.

Daignez agréer ce faible hommage
de reconnaissance de la part de

*Votre très-humble et très-obéis-
sant serviteur ,*

Q*****

AVANT-PROPOS.

DE tous les écrivains qui ont traité de la culture en général, les uns n'ont point parlé de celle qui est particulière à la garance, et les autres n'ont fait qu'effleurer la matière ; cependant, une plante, dont la racine est aussi précieuse, mérite la plus grande attention, et le gouvernement a si bien senti qu'il *était* essentiel de l'encourager en France ; qu'un Arrêt du Conseil du 24 février 1756, *exemptait* de toutes taxes et impositions, pendant vingt ans, les terres destinées à cette production. En même-tems qu'elle conserve à la France une richesse immense qui en sortait tous les ans, cette production apporte au cultivateur une récompense qui dépasse presque toujours, les bornes de son attente.

Les terres incultes ou mal cultivées annoncent autant le dépérissement du commerce, que la misère du cultivateur ; l'abondance et le nerf de l'état gissent essentiellement dans le plus grand rapport possible des terres, nous en avons un exemple récent sous les yeux. En 1817 les blés manquant en France , le Gouvernement a été obligé d'accorder des primes (*a*) très-fortes pour encourager l'importation de cette denrée de première nécessité. Il est constant que l'agriculture et l'industrie sont , pour ainsi dire , les pivots sur lesquels portent les forces de l'univers , mais les richesses d'un état dépendent plus encore des productions de l'une que des entreprises de l'autre.

Nous ne saurions trop le répéter , l'agriculture est une source inépuisable de richesses , et pour en offrir une preuve sensible , nous n'avons qu'à analiser les avantages immenses qui résultent de la culture de la garance. En voici un exemple que *nous pouvons citer* comme certain.

Une personne achète aux environs de Lisle près Vaucluse , une terre de 5o perches (six éminées) nouvellement semée en garance. Cette terre qui était à sa convenance fut payée au-dessus de sa valeur. Cette personne soigne sa nouvelle garancière , elle l'a fait arracher au bout de trente mois ; on le croira à peine , le produit de cette garancière a suffi à l'acquéreur pour payer le prix de sa terre , les déboursés des soins

(*a*) Voyez la loi du 27 juin 1819 , sur le réglement du budget , Bull. n.° 288. La France a dépensé plus de 20 millions en primes pour l'importation des grains.

et des frais d'exploitation , et plus encore
l'intérêt de son argent déboursé pour le prix
de la terre , de sorte qu'au bout de dix ans
et demi , la terre ne lui a coûté autre chose
que les frais et déboursés de l'acte de vente.

Au reste l'expérience a démontré et démontre chaque jour à ceux qui en font
l'heureuse épreuve , qu'une garancière bien
faite , bien soignée , dans un terrain qui
lui convient , donne jusques à dix , douze
et même quinze quintaux de racines sèches
par éminée , (ou 8 perches 54 mètres carrés)
environ 200 cannes carrées de terrain ; que
l'on donne un prix à la garance qui s'est
vendue jusques à cent vingt francs le quintal , et on trouvera le produit de l'éminée
de terrain.

Quel moyen de donner à la terre une
plus riche valeur ! Quel motif pour encourager la culture de cette plante , nous nous
en sommes essentiellement occupés , nous
avons lu , nous avons consulté tous les cultivateurs que nous avons cru être éclairés ,
par une longue expérience et le traité que
nous en donnons est le résultat de nos ob-
servations , le fruit de nos réflexions , le
résumé de nos recherches , le rédigé de
l'expérience des autres et le produit de nos
lectures. Semblable à l'abeille , nous avons

pris le suc de tout ce qui avait rapport aux lumières que nous voulions acquérir , et nous en avons composé un miel qui nous est devenu propre , et que nous nous faisons un plaisir d'offrir aux cultivateurs de garances , pour les mettre à portée de retirer de cette plante tout l'avantage possible.

DÉFINITION DE LA GARANCE.

On compte quatre espèces de garance ou *rubia tinctorum*. La grande , la petite , la sauvage et l'azala ou lizari de Smirne. Nous ne parlerons ici que de cette dernière espèce. On la désigne par *rubia tinctorum sativa* , ou garance proprement dite. Cette plante est à fleurs jaunes , petites , campaniformes , ouvertes , découpées et ordinairement percées dans le fonds. Son calice devient un fruit composé de deux baies de génévrier , d'abord vertes , puis rouges , enfin noirâtres et succulentes quand elles sont tout-à-fait mûres ; on y trouve alors une sémence arrondie faite en ombilic.

La plante de la garance pousse plusieurs tiges sarmenteuses , quadrangulaires , rudes au toucher , noueuses , jettant aux parties nouées cinq à six feuilles oblongues , plus larges au milieu qu'à l'extrémité , hérissées de poil ; le vert en est obscur.

Ses racines sont de la grosseur du petit doigt , vivaces , rampantes , tortueuses , cassantes , d'un goût qui paraît d'abord doux , ensuite amer et âpre. Quand elles sont nouvelles, elles sont rouges, en vieillissant elles paraissent rousses à l'extérieur ; elles s'étendent beaucoup et s'enfoncent fort en avant dans la terre. Un cultivateur (a) nous a assuré en avoir arraché, dans un terrain propice, d'une aune et demi de longueur.

La meilleure garance se récolte dans le ci-devant Comtat d'Avignon, aujourd'hui le département de Vaucluse ; elle est supérieure en qualité à celle de Smirne. On en cultive aussi aux Indes, en Flandres, en Alsace, dans le Palatinat, en Hollande, etc. et chaque sol imprime à cette plante une qualité qui lui est propre, relativement à sa situation, aux sels qu'il contient et à la température de l'air qui influe sur tous les végétaux.

Pour connaître si la qualité de la graine est bonne, (et c'est ce que le cultivateur ne doit pas perdre de vue) il faut examiner si elle est bien noirâtre, ronde et de grosseur moyenne, à peu près égale. On coupe ces graines par le milieu, si l'on apperçoit en dedans un germe blanc, l'on est assuré que cette graine fructifiera. Il arrive souvent que le germe a péri, ou parce que la graine

(a) Le Sieur Ferigoule fils, fermier du domaine de M. Duplessis, dans l'île de la Barthalasse.

est trop vieille , ou par la fermentation ,
étant contenue dans des sacs , des caisses
ou en tas sans être remuée , il arrive aussi
qu'ayant été cueillie avant sa maturité , la
graine n'a point de germe.

On peut reconnaître encore si une graine
est bonne par une expérience que nous
avons faite nous-mêmes , et qui consiste
à mettre deux ou trois pincées de graines
dans un vase quelconque ; on verse sur cette
graine de l'eau tiède jusqu'à ce qu'elle en
soit couverte. Au bout de 24 heures , avec
un temps doux , chaque graine aura poussé
son germe. La même opération peut se faire
dans le fumier.

Après avoir donné une définition aussi
exacte qu'il est possible de la plante de la
garance nommée *Rubia tinctorum sativa* , le
terrain qui lui convient le mieux est l'objet
qui s'offre le plus naturellement , aussi est-
ce celui que nous allons traiter , après avoir
parlé de l'origine de cette plante , par qui
et comment elle fut introduite dans le ci-
devant Comtat d'Avignon.

ORIGINE DE LA GARANCE.

On croit que cette plante est originaire de Zélande. Cependant il est certain qu'elle fut transportée des Indes dans la Perse, de la Perse à Venise, et de là, par l'Espagne et la France dans les Provinces-Unies. Quoiqu'il en soit, on la cultive en Zélande, à Smirne, Chypre, Tripoli, en Hollande, en Flandre, au pays de Voiron près de Brille, et plus particulièrement encore, avec un heureux succès dans le ci-devant Comtat d'Avignon, où elle fut introduite par le Sieur Althen, Persan d'origine, en l'année 1766. Il fit son premier essai dans une terre appartenant à M. le Marquis de Caumont près de Lisle, au moyen de trois onces de graines du Levant qu'il s'était procuré, non sans peine. Cet essai eut tout le succès qu'on devait en attendre ; mais avec de si faibles moyens on ne pouvait pas étendre cette culture qui ne prit réellement de la consistance que par le secours d'un quintal de graines de Smirne, que M. Bertin, Ministre de France, ayant le département de l'Agriculture fit délivrer à M. de Caumont , par M. l'Intendant de la Provence. Depuis lors la culture de la garance a pris de l'accroissement , et a été propagée par le S.ʳ Althen , dans les terroirs de Lisle , Cavaillon et Entraigues , (Vaucluse) Arles , (Bouches-du-Rhône) Toulon , (Var) et Clauzonnette dans le bas Languedoc. Cette culture a beaucoup mieux réussi dans le ci-devant Comtat : aussi s'y est-elle conservée et toujours cultivée avec succès. Il est reconnu que sa qualité est supérieure à celle du Levant.

DU TERRAIN QUI EST PROPRE
A LA GARANCE.

Toutes les qualités de terre conviennent à cette plante. Elle subsiste, se nourrit et croît partout, mais elle n'est pas en tous lieux d'une production également belle, ses racines sont pivotantes, transçantes et fibreuses. Elles exigent donc une terre douce, légère et bien nourrie, humide et qui ait du fonds ; sans ces qualités les racines prendraient peu d'accroissement et cependant le seul mérite de cette plante consiste dans ses belles et nombreuses racines. On peut avancer qu'elle se déplaît dans les terrains secs, même dans ceux qui sont les plus propres pour les fromens. Un terrain n'est jamais trop humide pour la garance quand l'eau n'y séjourne pas ; elle réussit bien dans un sol sablonneux et gras.

De ce que les racines de la garance sont pivotantes et de ce qu'il est prouvé qu'elles ne prospèrent pas quand elles ne trouvent pas un fonds bien ameublis ; il est clair, qu'on ne saurait défoncer trop profondément le terrain destiné à une garancière. Dans les pays où l'on cultive la garance, on ne creuse ordinairement la terre qu'à un pied de profondeur ; le cultivateur croit que cette culture est suffisante parce que son père la fesait ainsi , et tenant à ce système d'habitude , il n'essaye pas une autre manière de cultiver.

Pourquoi consacrer ainsi nos vieilles coutumes et nos anciens usages ? Pourquoi sacrifier continuellement à de vieux préjugés ? Pourquoi ne pas pratiquer une nouveauté utile ? Pourquoi n'en pas faire l'expérience ? Si les cultivateurs roulant dans un cercle étroit de connaissances et d'idées bornées , n'ont pas l'ambition de faire des épreuves qui peuvent amener à des résultats avantageux , les propriétaires plus instruits , ne doivent pas autoriser et perpétuer ces abus. Ils doivent rechercher et essayer tous les moyens possibles de donner à leur sol la valeur dont il est susceptible.

Quelques agronomes ont prétendu que la garance réussissait dans un sable gras qui est assis sur un fonds de glaise , parce que , disent-ils , le banc de glaise empêchant les racines et les obligeant à s'étendre horisontalement , elles fournissent par ce moyen , une grande quantité de belles racines. La raison qu'ils donnent , c'est que les racines glissent et coulent , pour ainsi dire , sur ce fond qui retient l'humidité ; ce raisonnement est mauvais , il est tout simplement spécieux : la glaise , compacte par elle-même , retient les eaux pluviales dans la couche supérieure de terre franche. Cette plante craint la trop grande humidité et la stagnation des eaux fait chomir et moisir ses racines.

Nous le répétons et nous ne saurions trop le recommander ; plus la culture d'une terre , qu'on veut semer en garance , sera profonde , plus le produit sera grand. Le cultivateur , qui aura ainsi préparé sa terre , sera bien agréablement surpris , lorsqu'au temps de la récolte , il trouvera à dix-huit ou vingt-quatre pouces en terre , des racines nombreuses et bien nourries , ne sera-t-il pas alors amplement dédommagé de l'excédant de dépense occasionné par une fouille plus profonde ? Nous invitons donc le cultivateur de garance à se bien pénétrer que plus la culture de la garancière aura de profondeur , plus il y trouvera son profit ; et quand même ce que nous avons écrit , n'aurait d'autre résultat que d'introduire une meilleure culture , nous aurions déjà fait beaucoup , puisque nous aurions rempli un des principaux but que nous nous pro-

posons ; au reste que ce cultivateur soit con-
vaincu que ce n'est pas la multiplicité des
petites racines qui lui assure le bénéfice ,
mais bien les grosses , et que , dès que les
progrès d'une grosse racine sont arrêtés ,
l'extrémité de cette racine se change en che-
velue , ce qui épuise la plante mère , et
ne produit aucun profit.

Après s'être assuré d'un sol léger , fertile
et qui ait beaucoup de fonds , on ne doit
pas regarder la dépense pour le défoncer au
moins à deux pieds de profondeur , afin de
diviser la terre le plus qu'il est possible et
la purger de toutes les herbes. Ayant ter-
miné cette première culture qui doit être
faite de préférence avec la houe ou luchet ,
on laisse prendre la chaleur du soleil à la
terre , deux mois après on la laboure avec
une grosse charrue à versoir pour que les
gelées puissent atténuer cette terre qui est
trop compacte ; quand les grands froids
sont passés , on donne deux nouveaux labours pour bien ameublir et rendre souple
la terre qui se trouve alors en état d'être
sémée en Février , Mars , Avril et Mai ,
selon que la température du climat peut le
permettre et que la saison paraît fixée.

Ainsi , on peut par exemple , commencer
la première culture à la houe ou au luchet ,

en juillet , de suite après la coupe du blé ,
cette culture étouffe le germe des mauvaises
herbes , ce qui est très-économique ; et il
est hors de doute que plus la terre sera
remuée , plus elle sera nettoyée de mauvaises herbes et surtout de chien-dent ; plus
elle sera fumée et arrosée dans le temps de
la sécheresse , plus la garance y prospérera ,
alors elle y jettera de profondes et grosses
racines , et plus enfin , elle produira de la
graine.

La seconde avec la charrue à versoir en
septembre ou octobre. La troisième avec le
simple *araire* dit *raynard* , en décembre ,
et la quatrième et dernière , encore avec le
simple *araire* , au moment où l'on veut
sémer. Le terrain étant ainsi cultivé , on
l'applanit avec la herse , on le divise par
planches et plates bandes ; les planches doivent avoir deux pieds trois pouces de largeur
ou trois pans , et les plates bandes deux
pieds , ou environ deux pans et demi , les
planches sont destinées à recevoir la semence,
et la terre des plates bandes doit servir à
couvrir la garance des planches.

Les engrais favorisent l'accroissement de
la garance , à tel point , que si quelqu'un
se proposait d'établir une garancière sans
engrais , nous lui conseillons de n'en rien

faire, il vaudrait mieux pour le cultivateur n'ensemencer, avec engrais, que la moitié du terrain qu'il se propose de mettre en garance, avec l'intention de ne pas le fumer. Il trouvera au moment de la récolte, que cette moitié de terrain lui donnera plus de produit que s'il eut ensemencé la totalité, sans engrais.

Dans les terrains maigres et légers, on doit préférer le fumier froid, tel que celui de bœuf, de vaches, de cochons : celui de cheval, de brebis doit être réservé pour les terres fortes, qu'il rend plus aisé à ameublir. Le meilleur fumier pour l'engrais d'une terre destinée à une garancière est un mélange de fumier d'écurie avec celui provenant des latrines, il faut employer ce dernier fumier avec précaution, un sixième suffit pour opérer ce mélange avec celui de litière.

Cet engrais doit se faire au moment que l'on donne à la terre sa première culture, c'est-à-dire, quand on commence à la défoncer, pour que les sels et le suc nourriciers soient bien divisés dans la terre.

———

MANIÈRE DE SEMER LA GRAINE.

Après avoir préparé la terre , ainsi que nous l'avons dit , et l'avoir divisée par planches et plates bandes , nous allons parler de la manière de l'ensemencer.

Il y a deux manières d'établir une garancière , la première en semant à demeure , la seconde avec de jeunes plans que l'on appelle dans le ci-devant Comtat *Barbats* , nous allons traiter dans ce chapitre de la manière de semer à demeure , nous traiterons de la seconde , dans le chapitre suivant.

Il y a deux manières de semer à demeure , celle à la volée ou à *l'escampet* , pour me servir du terme usité dans le Comtat , et celle à raies ou à sillons , cette dernière est préférable quoique la plus longue , parce que la graine est disposée par rangée , et qu'il est plus facile de sarcler les rangées sans nuire aux plantes ; il faut environ quatorze livres de graines ou six kilogrammes pour chaque huit perches cinquante-quatre mètres carrés , ou 200 toises carrées de terrain , qui font l'éminée , ancienne mesure d'Avignon :

nous observons cependant que si le fonds
de terre est bon , bien ameubli , bien fumé
et susceptible d'être arrosé , douze livres
de graines peuvent suffire pour la même
contenance.

Le Sieur Althen dit dans son Mémoire
(en 1771) qu'il ne faut pour chaque éminée de terre que cinq livres de graines et
sept et demie si l'arrosage n'est pas possible.

Le S.ʳ Althen peut avoir raison , quoique
l'expérience nous démontre qu'il en faut la
quantité que nous avons désigné , et voici
les motifs que nous en donnons : à l'époque
que le S.ʳ Althen cultivait cette plante , il
était peu pourvu de graines et tous ses
efforts tendant à propager cette culture ,
il portait la plus grande attention à la
cueillette des graines qu'il fesait sur la plante
au fur et mesure qu'elles mûrissaient ; il
soignait cette récolte d'une manière toute
particulière : chaque graine alors était bien
mûre et conservait son germe. Aujourd'hui
au contraire , que la récolte de la graine se
fait par le fauchage des *fanes* que l'on fait
ensuite sécher au soleil , la graine qui n'est
pas mûre devient noire comme l'autre ,
mais elle est sans germe , d'où il résulte
que sur la quantité de graines qu'on em-
ploie , il y en a un tiers , une moitié , plus

on moins qui ne sort pas , soit faute de germe , soit parce que le germe de la graine a péri faute de soins.

Dans le ci-devant Comtat , on fait des planches d'une largeur double de celle que nous prescrivons , et l'on fait cinq , six et même sept raies sur chaque planche ; cette méthode est nuisible , et le S.ᵣ Althen qui l'a prescrite , a prouvé sur ce point comme sur tant d'autres qu'il n'était pas infaillible , ou du moins qu'il n'avait pas atteint ce dé-gré de perfection auquel on n'est pas même parvenu *depuis*.

Nous joignons à l'expérience l'aveu de tous les cultivateurs que nous avons con-sultés. Tous , sans exception , nous ont assuré que les deux raies qui sont à l'extré-mité de la planche , l'une à droite et l'au-tre à gauche , c'est-à-dire , celles qui sont les plus près de la plate bande , donnent autant , et de plus belles racines (et d'une qualité supérieure) que les quatre et même les cinq raies du milieu , d'où il résulte évidemment qu'au lieu de faire cinq , six et sept raies sur les planches , il faut n'en faire que trois. La raison que l'on peut in-férer de ce qui est prouvé par l'expérience , c'est que le soleil pénétrant plus cette partie de terrain découverte , donne plus de force et de parties colorantes à la racine.

L'ouvrier employé à faire les fosses pour recevoir la graine commence la première au bord de la planche qu'il a formé, il en ouvre une seconde au milieu, et la terre de cette seconde fosse sert à couvrir la graine qu'une femme ou une autre personne a semé en fesant la première fosse, la terre de la troisième sert à couvrir la graine semée dans la seconde, et on prend dans la plate bande la terre qui sert à couvrir la graine de la troisième raie. On continue à faire la même opération sur les autres planches. Chaque fosse doit avoir environ un pouce de profondeur et la terre qui couvre la graine doit être de niveau avec celle de la planche, en sorte que la graine doit être couverte d'environ un pouce de terre. La graine doit être semée avec la main dans toute la largeur de la fosse, mais moins épaisse que le blé en suivant pour base la quantité que nous avons indiquée, c'est-à-dire, environ quatorze livres pour chaque huit perches cinquante-quatre mètres carrés de terrain, compris les plates bandes.

Nous observons encore que si le terrain est susceptible d'être arrosé, douze livres de graine peuvent suffire pour la même contenance, et nous recommandons de ne jamais arroser sur les planches , surtout lorsque la graine n'est pas sortie.

Le Sr Althen qui a introduit le premier la culture de la garance dans le Comtat , indique un procédé qui lui est particulier , et qu'il a mis en pratique avec le plus heureux succès ; n'étant ni botaniste , ni physicien , je ne puis , dit-il , rendre raison de cette opération , mais il assure l'avoir vu pratiquer ainsi dans la Turquie-d'Asie , où il a suivi et dirigé des garancières , il prétend que cette opération est très-utile à la graine , qu'elle l'empêche de s'abâtardir , qu'elle l'a fait germer et sortir en plus grande quantité et produire des plantes sensiblement plus belles , dont les racines donnent une couleur plus vive que quand elle n'a pas été ainsi préparée. Ce procédé consiste en une préparation à faire à la graine , voici de quelle manière il s'y prend.

Pour chaque livre de graine (16 onces) qu'il veut sémer , il prend un quarteron (4 onces) de racines de garances fraîche qu'il pile dans un mortier , après l'avoir bien lavée , il y ajoute un demi sétier d'eau par quart de livre de garance pilée et deux onces d'eau de vie ; il jette cette composition sur la graine , de manière qu'elle s'en imbibe l'espace de 24 heures , prenant soin

de

de la remuer trois ou quatre fois pour prévenir la fermentation. Le lendemain il met cette même graine dans un chaudron d'eau qu'il a fait bouillir l'espace d'une heure cinq ou six jours auparavant , et dans laquelle il a mis un panier de fiente de cheval , il l'y laisse deux ou trois jours , la remuant de temps en temps pour l'empêcher qu'elle ne s'échauffe , observant qu'avant de mettre la graine dans cette eau , il faut la passer au travers d'un linge pour en séparer la fiente de cheval ; enfin il étend la graine sur le pavé jusqu'à ce qu'elle ait assez perdu de son humidité pour être semée , et il la sème tout de suite.

Voilà le procédé employé et approuvé par Althen. Nous ne pouvons en garantir l'efficacité nous-même , attendu que nous ne l'avons pas éprouvé , et qu'il n'est pas en usage dans le Comtat.

Nous parlerons de la manière de semer à la volée ou à l'escampet dans le chapitre suivant.

MOYEN DE SE FOURNIR DES PLANS.

Il y a deux manières de se fournir des plans de garance, la première est celle de semer la graine à la volée, à la même époque que nous avons indiqué pour l'établissement d'une garancière à demeure : le terrain doit être cultivé et préparé, comme nous l'avons dit, et les soins de l'une doivent être les mêmes pour l'autre.

En Mars, Avril ou Mai, de l'année suivante, c'est-à-dire un an après que la graine a été semée on arrache ces plans, qu'on appelle *Barbats* dans le Comtat, et on les transplante dans la terre destinée à la garancière, dont la culture et la préparation doivent être en tout conformes à ce que nous avons prescrit pour la garancière à demeure.

La seconde manière, peu usitée dans le Comtat, est lorsqu'on arrache les racines de garances pour en faire la récolte de couper un bout ou tronçon de cette racine, garni au moins d'un bouton ou nœud. Chaque bouton mis en terre produit une plante : on peut aussi se procurer des provins sans

faire aucun tort à la garance qu'on élève
en vue de bénéficier sur la racine ; il faut
pour cela quand la plante a poussé des tiges
de huit pouces de longueur (ce qui arrive
ordinairement la seconde année dans les
mois d'Avril , Mai ou Juin) saisir la fane
près de terre et l'arracher , comme si on
cueillait de l'herbe , une partie des brins
viennent avec de petites racines au bas qui
les font reprendre aisément ; il en est qui
n'ont presque point de rouge à cette partie ,
ils reprennent alors difficilement ; d'autres
enfin n'ont que du vert ; ces derniers brins
doivent être rejetés parce qu'il est presque certain qu'ils périraient tous ; la re-
prise des provins en racines est certaine
surtout s'il survient un peu de pluie après
qu'ils ont été mis en terre. Il faut avoir
l'attention de ne point arracher de plant et
de laisser aux vieux pieds au moins un quart
des tiges , sans quoi les racines périraient
immanquablement.

D'après ce que nous venons d'exposer , il
est certain qu'on pourra se procurer aisément la quantité de plants qu'on désirera ,
nous traiterons dans le chapitre suivant de
la manière de les planter.

Nous conseillons surtout d'employer la
première manière , c'est-à-dire celle de sé-

mer à la volée pour se procurer des plants ;
ou *Barbats*, elle est plus usitée parce qu'elle
a été reconnue la meilleure, et ce n'est que
dans le cas de défaut de graines qu'on em-
ploie les provins. Nous exhortons encore le
cultivateur à sémer la graine qui doit lui
produire des provins dans un terrain mai-
gre ; cette plante sortant de ce terrain pour
être transplantée dans une terre bien préparée, fumée et bien ameublie croîtra
avec plus de force et donnera de belles
racines.

MANIÈRE DE PLANTER LA GARANCE.

Dans un champ déjà préparé par de bons labours , qui auront été faits de la manière que nous avons indiquée , il faut encore y passer la herse jusqu'à ce qu'il soit bien uni et la terre bien divisée : cette précaution est de la plus grande importance et nous la recommandons expressément.

On divise le champ ainsi que nous l'avons dit , en planche et en plate-bande , la planche doit avoir deux pieds trois pouces ou trois pans , et la plate-bande deux pieds ou deux pans et demi de largeur.

Le champ étant ainsi divisé on commence par former dans la planche , avec la pioche , qu'on nomme Eyssade dans le Comtat , des petites fosses ou rigoles tirées au cordeau , de trois à quatre pouces de profondeur , on couche les *barbats* ou les provins de chaque côté de la rigole à une distance d'environ trois pouces les uns des autres. Cette plantation exige deux ouvriers, l'un étend les racines dans la rigole et l'autre les couvre en remplissant ce premier

sillon avec la terre qu'il tire d'une seconde
rigole ; on arrange dans cette seconde fosse
des plants comme dans la première ; cette
seconde est remplie avec la terre qu'on tire
d'une troisième ; on arrange encore des
plants dans celle-ci , comme dans les deux
autres , et pour la couvrir on prend de la
terre dans la plate-bande qu'on destine à
cet usage.

Cette planche ne doit être garnie que de
trois raies de garance , on laisse une distance d'environ neuf pouces ou un pan
d'une rangée à l'autre , deux tiennent les
extrémités de la planche et la troisième le
milieu. Cette opération se continue sur
toute l'étendue du terrain.

De ce que nous avons dit dans le chapitre précédent qu'on arrachait les *barbats*
ou les provins dans les mois d'Avril, Mai
ou Juin , il s'ensuit naturellement qu'on
doit les transplanter dans le même temps ;
car le plant doit être mis en terre dès qu'il
est arraché ; le temps pluvieux est le plus
favorable.

Pour tous les plants en général , il est
avantageux de les tremper dans l'eau avant
de les mettre en terre , nous croyons cette
pratique très-bonne pour la garance , on
l'a mise en usage et elle a réussi ; les plus

petites choses favorisent une plantation , et on ne doit point les négliger quelques minutieuses qu'elles paraissent.

Quoique nous n'ayons parlé que de la plantation qui se fait en Mars , Avril ou Mai , néanmoins nous pensons et nous croyons même que celle que l'on ferait en septembre ou octobre serait préférable , et voici la raison que nous en donnons , indépendamment de celle qui résulterait de l'impossibilité de transplanter les tronçons de racines de garance que l'on arrache en août , septembre ou octobre.

Il est reconnu que le premier travail d'une plante quelconque mise en terre , se fait par les racines. Il faut donc que ces mêmes racines aient sucé assez de suc nourricier pour que la plante se développe et jette sa sève , il est donc nécessaire qu'elle reste long-temps en terre pour se nourrir avant de parvenir à ce développement. Ainsi donc , la plantation qui serait faite dans les mois de septembre et octobre qui est la saison ou les plants ne poussent plus en dehors , mais qu'elles s'occupent à une nouvelle nourriture pour faire un nouvel accroissement au Printemps , est selon nous la plus convenable et doit avancer la récolte. Prenons pour exemple deux arbres , l'un

planté en automne et l'autre au printemps ;
le premier sera toujours plus beau et donnera plutôt et de plus beaux fruits que celui qui sera planté au printemps.

Ainsi que nous l'avons dit dans le chapi-
ter précédent , la manière de sémer à demeure , pour l'établissement d'une garancière , est préférable à la transplantation ,
néanmoins cette dernière manière est quelquefois nécessaire , indispensable même. Tel
est par exemple , un terrain trop fort , la
graine dans une terre forte , compacte ou su-
jette à une trop grande humidité , ne sorti-
rait pas outre difficilement , c'est alors qu'il
faut employer la plantation par les moyens
que nous avons indiqués.

Nous croyons n'avoir rien omis sur la manière de sémer et de planter la garance.
nous passons à sa culture qui mérite des at-
tentions particulières.

CULTURE

Que la garancière soit faite avec des graines ou des plans enracinés, lorsqu'ils ont poussé hors de terre, il est nécessaire de donner de l'eau, ou avec des arrosoirs ou par irrigation, si le temps est sec et qu'il n'y ait pas apparence de pluie ; dans le premier cas on arrose sur la planche même et dans l'autre on arrose par irrigation l'entre-deux des sillons. Il faut prendre garde de ne pas multiplier ces arrosements.

Si après avoir semé la graine de garance il venait à pleuvoir, et que la terre formât une croûte, il faudrait la rompre avec un râteau de fer, aussitôt que le terrain serait sec, sans quoi le germe serait étouffé sous cette croûte. S'il pleuvait dans le temps de la sortie, ou que la plante fût jeune encore, il faudrait jetter un peu de terre avec une pelle de fer sur la planche, afin que cette nouvelle terre empêchât celle de la planche de faire croûte, autrement la graine qui ne serait pas bien sortie courrait risque d'être étouffée et les jeunes plans resserrés par la terre qui formerait croûte, ne croîtraient pas ou difficilement ; il faut prendre garde que la jeune plante ne soit pas mouillée par la rosée, au moment où on jettera ce peu de terre sur la planche.

Le premier soin que l'on doit donner à une garancière, c'est de la tenir nette d'herbes , il faut aussitôt que la garance a poussé des tiges d'un ou deux pouces hors de terre , sarcler l'herbe qui sort dans les raies de la garance , et par suite de ce que nous avons dit de laisser un espace de neuf pouces , (un pan) de distance d'une raie à l'autre , on peut et on doit même piocher la terre qui forme cet espace , par ce moyen , on parvient à couper toutes les mauvaises herbes et à détruire le germe de celles qui étaient prêtes à sortir. Cette espèce de sarclage est moins long et moins coûteux.

Il faut de temps en temps donner quelques labours aux plates-bandes , et comme ces labours n'ont pas tant pour objet de donner de la vigueur à la garance que de se ménager de la terre meuble à portée des planches pour la couvrir , il faut avoir l'attention de ne les point faire quand la terre trop humide pourrait se pétrir.

Dès que les tiges de la plante ont poussé hors de terre environ huit à dix pouces , on couche par terre les tiges des raies qui longent la plate-bande , chacunes du côté de la plate-bande voisine et on les couvre d'un pouce et demi ou deux pouces de terre meuble qu'on prend dans la plate-bande même , ayant grande attention qu'aucun pied ne soit couvert de terre dans toute sa longueur ; il faut au contraire que leur extrémité sorte du terrain, sans quoi la plante serait étouffée et périrait infailliblement, et avec cette attention, que toute la tige tendre qui se trouve en terre se convertit en racines.

On divise ensuite les tiges de la raie du milieu de la planche et on les couche par terre, moitié à droite et moitié à gauche, en les couvrant de terre qu'on prend dans l'une et l'autre plate-bande.

Quand les années sont très-favorables pour la garance, il arrive quelquefois qu'un mois après les tiges se sont allongées d'un pied, alors on répète l'opération que nous venons d'indiquer, mais on est rarement dans cette heureuse circonstance.

On continue de sarcler les planches, car pour avoir de belles racines il faut les tenir nettes, et nous ne saurions trop recommander ce soin.

Au mois d'octobre ou novembre, c'est-à-dire au commencement de l'hiver, on couvre les tiges de la plante dans toute la surface de la planche, en sorte qu'il ne sorte de terre qu'environ un pouce du bout de chaque tige.

En Avril ou Mai suivant on recommence l'opération du sarclage, et si la garancière est susceptible d'arrosage, il faut en user, mais avec modération, lorsque le terrain est sec et que la plate-bande souffre.

Au mois d'août et septempre de la seconde
année , c'est-à-dire dix-huit mois après
qu'on a semé , ou deux ans après qu'on a
replanté , les plantes de garance donnent une
grande quantité de graines qu'il faut recueillir , lorsqu'elles ont acquis une couleur
noire foncée , ce qui est le signe de leur
maturité.

Il y a deux manières de faire cette re-
colte ; l'une de recueillir la graine sur
la plante grain à grain pour ne prendre
que celles qui sont mûres , en attendant que
les autres viennent à maturité. Cette méthode est plus longue , mais elle est la plus
sûre pour avoir de la bonne graine.

L'autre , de couper ras de terre les bran-
ches et les tiges des plantes lorsque la plus
grande partie de la graine est mûre , de les
faire sécher au soleil et d'en séparer ensuite
la graine , en battant avec le fléau les bran-
ches comme le blé. On ne doit l'enfermer
que lorsqu'elle a été bien séchée au soleil.

Si on avait assez de graines pour son
usage et si on n'avait pas occasion de se dé-
faire du superflu avec profit , on pourrait
dès le mois de Juin de la seconde année
faire faucher les plantes de la garance pour
servir de fourrage aux bestiaux et cette coupe
peut avoir lieu deux ou trois fois dans le
courant de l'année. Ce fourrage étant bien

sec doit être transporté dans le grenier à
foin avant le lever du soleil , pour conser-
ver les feuilles qui en font la bonté. Ce fauchage sert parfaitement à l'accroissement
des plantes et les racines en grossissent
beaucoup plus ; mais soit qu'on recueille la
graine en fauchant la plante , soit qu'on
fauche la plante pour servir de fourrage ,
il faut la recouvrir de terre après les deux
opérations , ce peu de terre empêche le
soleil de sécher les racines et à la plante
de perdre son suc.

En Flandre , comme dans le Comtat ,
il y a des cultivateurs qui récoltent dix-
huit mois après avoir semé , cependant il
est en général beaucoup plus profitable de
récolter à la fin de la troisième année ,
c'est-à-dire , trente mois après avoir semé ,
parce que les racines sont plus fortes et
plus imprégnées de parties colorantes ,
par conséquent plus profitables aux cultivateurs et aux teinturiers.

Les soins à donner à la garancière pendant
la troisième année , sont les mêmes que ceux
que nous avons indiqués pour la seconde.

Au mois d'Août ou de Septembre (si
on veut attendre que la récolte de la graine
soit faite) on fauche les tiges ou fanes de
la plante et tout de suite on arrache les
racines. Nous allons indiquer la manière
de s'y prendre dans le chapitre suivant.

Manière d'arracher les racines de Garance et de les faire sécher.

Le vrai temps pour arracher les racines de garance est le mois d'Août , (Septembre et Octobre si on veut profiter de la récolte de la graine), à cette époque la saison est encore assez propice pour les faire sécher , soit au soleil , soit à l'ombre , sur des claies plutôt que sur la terre. Celle séchée à l'ombre et au courant d'air conserve plus de qualité et de poids.

Après plusieurs épreuves , rien n'a mieux réussi que de renverser avec la houe (luchet) , la terre des planches dans les creux formés dans les plates-bandes par l'enlèvement de la terre qui a servi à couvrir les plantes ; s'il se forme des mottes , l'ouvrier les brise et il en tire les racines qu'il jette sur le terrain.

Si , dans le temps qu'on fait cette opération , la terre se trouve sèche , les racines sont assez nettes ; si la terre est humide , on lave les racines. Ce lavage ne leur porte aucun préjudice , pourvu qu'il soit fait promptement et que les racines ne restent pas long-temps dans l'eau ; on étend ensuite ces racines pour les faire sécher.

Il y a trois manières de faire sécher les racines de garance , au soleil , à l'ombre et à l'étuve. La déssication faite au soleil diminue beaucoup le poids et la qualité de la racine , il ne faut l'employer que lorsque la saison trop avancée ne permet pas de faire sécher les racines par la seule impression de l'air.

Celle à l'ombre et au courant d'air doit être préférée aux deux autres ; par cette déssication les racines conservent , comme nous l'avons dit , leur qualité première dans toute leur intégrité et beaucoup plus de poids. On les laisse exposées au courant d'air jusqu'à ce qu'elles soient devenues molles comme des ficelles et qu'en les tordant elles ne rendent plus de jus : c'est alors le moment à saisir pour brusquer la dessication au grand soleil , on reconnaît qu'elles sont assez sèches , lorsqu'en les pliant elles cassent.

Enfin celle à l'étuve est plus prompte , le suc des racines s'évapore facilement , mais cette dessication leur fait perdre les sept huitièmes de leurs poids. Cette perte n'entre point dans l'intérêt du cultivateur, quoique les racines conservent leur qua-

lité. Voici comme on s'y prend pour la
faire. On dispose sur des claies placées dans
un local fermé hermétiquement, les racines de garance, de manière à ce qu'elles
ne soient pas trop entassées, pour que la
chaleur puisse pénétrer ; on place un
poêle au milieu de ce local et on a l'attention de faire serpenter dans son enceinte
les tuyaux du poêle autant qu'on le peut,
pour profiter de la chaleur qui doit mar-
quer au thermomètre de M. de Réaumur
de 24 à 28 dégrés au-dessus de la glace,
et jamais davantage ; il vaut mieux laisser
les racines plus long-temps dans l'étuve que
d'en précipiter le desséchement par une
chaleur trop vive.

Lorsqu'on sort les racines de l'étuve, et
qu'elles cassent en les pliant, on les étend
à une petite épaisseur dans un endroit bien
sec, où elles continuent à se dessécher ;
car l'humidité réduite en vapeur par l'ac-
tion de l'étuve, se dissipe d'elle-même.

Les racines de garance étant suffisamment
desséchées, il s'agit de les triturer, c'est-à-
dire, de les réduire en poudre.

FIN

9 782329 237121